指导单位 中国科协宣传文化部　　　　教育部校外教育培训监管司

中国力量与中国科学家

我们的空间站

本书编委会◎编著

孙元伟◎绘

田如森　沈海军◎审订

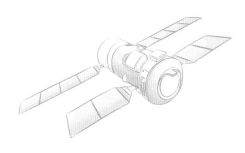

科学普及出版社

·北　京·

图书在版编目（CIP）数据

我们的空间站 / 本书编委会编著；孙元伟绘. --
北京：科学普及出版社, 2024.1
（中国力量与中国科学家）
ISBN 978-7-110-10632-7

Ⅰ.①我… Ⅱ.①本… ②孙… Ⅲ.①星际站－儿童读物
Ⅳ.①V476.1

中国国家版本馆CIP数据核字(2023)第168775号

责任编辑　张敬一　　李　睿
图书装帧　洋洋兔
责任校对　焦　宁
责任印制　徐　飞

出　　版　科学普及出版社
发　　行　中国科学技术出版社有限公司发行部
地　　址　北京市海淀区中关村南大街16号
邮　　编　100081
发行电话　010-62173865
传　　真　010-62173081
网　　址　http://www.cspbooks.com.cn

开　　本　889mm×1194mm　1/12
字　　数　80 千字
印　　张　$3\frac{2}{3}$
版　　次　2024年1月第1版
印　　次　2024年1月第1次印刷
印　　刷　河北朗祥印刷有限公司
书　　号　ISBN 978-7-110-10632-7/ V · 48
定　　价　48.00元

《中国力量与中国科学家》丛书

指导单位

中国科协宣传文化部
教育部校外教育培训监管司

编委会（以姓氏笔画排序）

王元卓	王冬冬	王亚男	王继刚	王培雷	尹传红
龙明灵	田小川	田如森	齐贤德	李雅堂	吴宝俊
邹晓磊	汪晓寒	沈林苣	沈海军	张大健	张聚恩
陈 肖	陈海鹏	林镇南	柯 李	夏骁寰	钱 俊
郭雨齐	黄 虎	臧 勇			

创作组

孙元伟　　刘小玉

曹爱云　　马羽飞　　尤晓婷　　陈笑梅　　张 云

本书在出版过程中，得到各界相关学者及科研单位悉心指导审阅，谨致以诚挚的谢意。

序 言

近年来，我国的科技创新领域捷报频传：中国科学家自主研发的天宫空间站逐梦寰宇问苍穹、奋斗者号下潜万米深海、大飞机翱翔天空、"中国脑计划"向最新的前沿领域进发……可以自豪地说，我国的科技实力，正在从量的积累迈向质的飞跃、从点的突破迈向系统能力提升。

在这无数成就和荣誉的背后，是无数中国科学家大胆探索、创新与奋斗的故事，写满了动人的科学家精神。中国空间站"万人一杆枪"，14个分系统的研究团队以常人难以想象的努力一次次突破"卡脖子"难题——仅仅为了一个火箭阀门的问题，300多名科研人员夜以继日地进行了三个月的研究和实验；奋斗者号载人深潜器团队一遍遍推演计算、研究图纸，走遍大江南北，最终找到最强的材料制造和焊接合作伙伴，攻克了技术难题，让奋斗者号成功造访马里亚纳海沟"挑战者深渊"；脑科学领域的专家勇敢地选择和西方不同的科学探索方向，在这一重要前沿领域中发挥着中国科学家的影响力……

面对这些令人骄傲的科技创新成就，我们怎样去让孩子了解？怎样激发孩子对科学的兴趣和热情？怎样进一步弘扬科学精神？眼前的这套"中国力量与中国科学家"丛书，正是向小读者展示中国的前沿科学成就、展示中国科学家精神的科普绘本。

这套书以我国科技事业取得的历史性成就为切入点，用图文并茂的形式，翔实地展示了大国重器的方方面面。比如，带领读者"登陆"空间站，看看空间站内外的结构、布置，了解空间站内外那些中国科学家自主创新的"黑科技"，以及科学家是如何攻坚克难、砥砺协作，取得这些成绩的。

　　这样的一套书，不但可以引导少年儿童去关注与我们的生活密切相关的前沿科学技术，关注科技发展给我们的生活带来的巨大改变，而且还能够通过对前沿科技知识的普及、对科学家精神的展示，启发他们去思考，思考科技、国家与个人的关系，在他们的心中埋下科学探索、爱国奉献的种子。

中国科学院院士　　周忠和

目录 CONTENTS

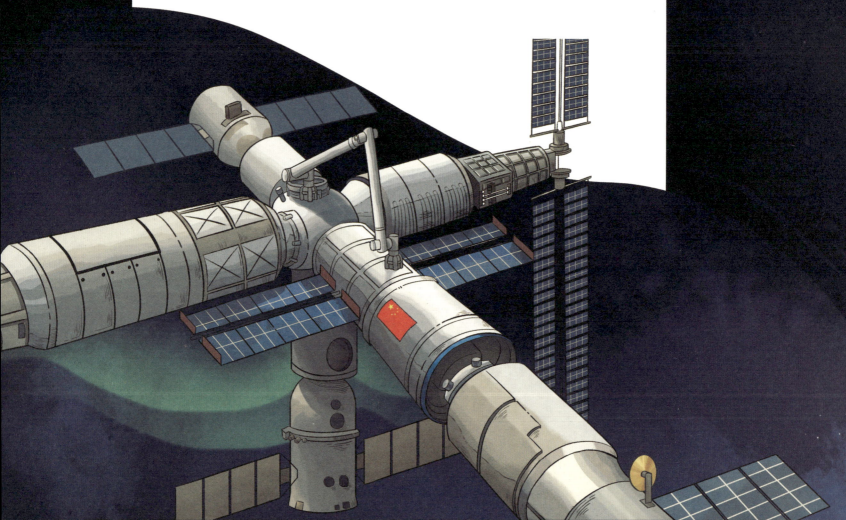

什么是空间站？

一天，博士邀请朵朵和灿烂来家里做客，说是有惊喜要给他们看。

让我们来看看是什么"宝贝"呀？

快来！

博士，我们来啦！

博士，这"房子"很特别嘛。

对！这是中国空间站的模型！

空间站是航天员在太空中的家。

有了它，航天员就可以在太空里生活、实验、观测，为开发、利用空间资源创造更有利的条件。

中国空间站是中国独立自主建造运营的载人空间站，是1992年启动的中国载人航天工程"三步走"战略规划的第三步。

中国空间站完成在轨建造标志着我国航天技术发展到新高度，是我国从航天大国迈向航天强国的重要标志。

地球外的大气层

围绕在地球外的气体能够延伸到上万千米的高空，但随着高度的增加，气体会越来越稀薄。

散逸层（800千米及以上）

大气的最外层。

增温层（约85~800千米）

中国空间站和国际空间站就建在这一层，许多卫星的轨道也都在这一层。

中间层（约50~约85千米）

这层大气虽然极其稀薄，但有一定的垂直运动，顶部会有夜光云出现。

平流层（对流层顶部~约50千米）

这层中的空气盛行水平运动。地球的遮阳伞——臭氧层就在这层。

对流层（8~18千米）

这是大气层中含水量最高的一层，云、雨、雪、冰雹、霜、雾等天气现象都发生在这一层。它的高度因纬度和季节而异。

空间站建在哪里呢？

中国空间站

— 400千米

空间站，又叫"太空站"。我们从名字就能知晓，这是科研人员为航天员在太空建造的住所。太空浩瀚无边，空间站到底建在了哪个位置呢？

100千米

极光

在地球的两极，经常能欣赏到极光，好像近在眼前。其实，它离地面有100多千米呢。

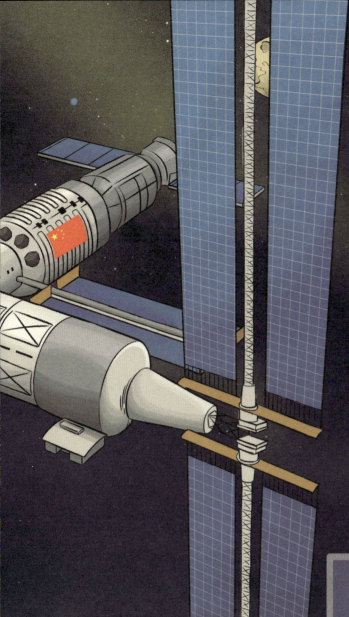

国际空间站

中国空间站和国际空间站的轨道都距海平面400千米，不会相撞吧？

不会的，空间站的轨道是椭圆形的，都在400千米左右的高度，有各自的倾角、近地点和远地点，所以它们的轨道并不相交。

卡门线

国际航空联合会定义的大气层和太空的界线，位于海拔100千米处，以航天工程师冯·卡门的名字命名。

为什么空间站建在距海平面400千米的高度？

海拔越高，气体密度越低。当海拔足够高、空气足够稀薄时，空间站就可以较少受到气流的影响，以稳定的速度沿轨道运行了。但空间站飞往更高的轨道需要消耗更多的能量，综合考量发射成本、观测需求、后期维护等因素后，科学家把空间站飞行的高度设定在400千米附近。

宇宙中的空间站！

让我们一起看看都有哪些空间站被送到过太空吧！

和平号（苏联）

苏联建造了和平号空间站，作为"礼炮"系列空间站的接替者，是人类首个可长期居住的空间研究中心。和平号发射升空时礼炮7号仍在服役，由于突发状况，航天员必须将物资从即将被弃用的礼炮7号搬运到和平号，上演了"太空搬家"。

礼炮1号（苏联）

人类历史上第一个空间站，是苏联于1971年发射的。

国际空间站

国际空间站由16个国家合作建造，是目前世界上最大的空间站。自1998年11月20日俄罗斯发射曙光号起，采取边建造、边应用的模式推进，到2011年基本建成。

天空实验室（美国）

美国于1973年将质量约77.5吨的天空实验室送上太空，这也是美国第一个轨道空间站。

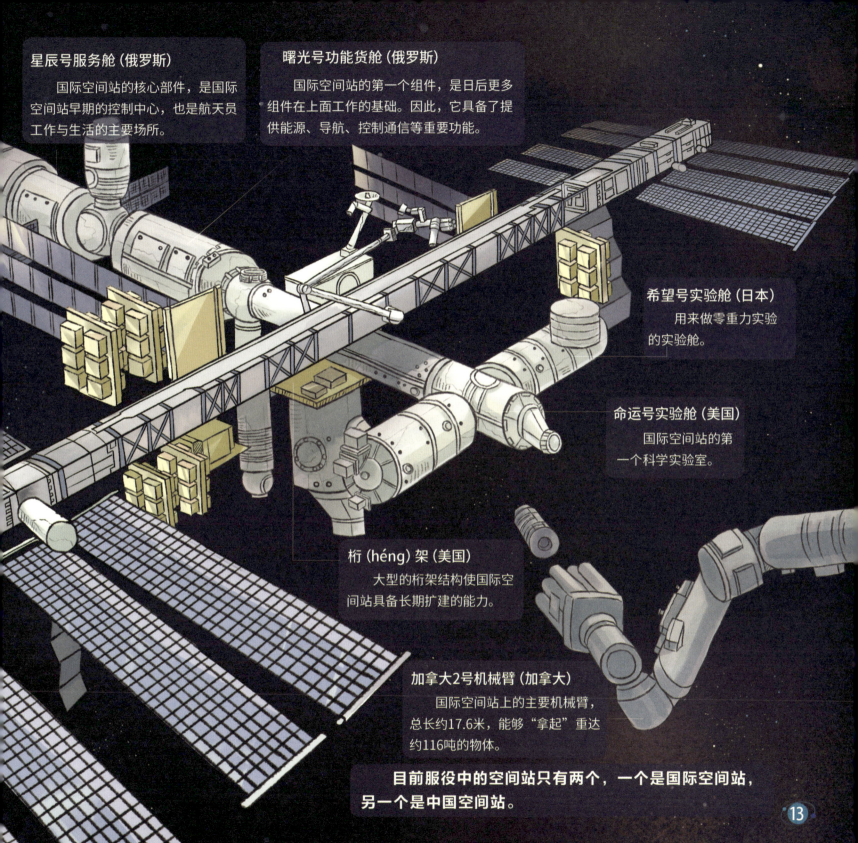

星辰号服务舱（俄罗斯）

国际空间站的核心部件，是国际空间站早期的控制中心，也是航天员工作与生活的主要场所。

曙光号功能货舱（俄罗斯）

国际空间站的第一个组件，是日后更多组件在上面工作的基础。因此，它具备了提供能源、导航、控制通信等重要功能。

希望号实验舱（日本）

用来做零重力实验的实验舱。

命运号实验舱（美国）

国际空间站的第一个科学实验室。

桁（héng）架（美国）

大型的桁架结构使国际空间站具备长期扩建的能力。

加拿大2号机械臂（加拿大）

国际空间站上的主要机械臂，总长约17.6米，能够"拿起"重达约116吨的物体。

目前服役中的空间站只有两个，一个是国际空间站，另一个是中国空间站。

13

中国人的太空之家——天宫空间站

中国空间站被命名为"天宫"。天宫空间站由三个舱段组成，可以同时连接两艘神舟载人飞船和一艘天舟货运飞船。天宫空间站设计寿命为十年，能够保证三名航天员长期停留生活，在航天员轮换期间，最多可同时容纳六人。

神舟载人飞船

通过节点舱与核心舱交会对接，用来接送航天员。

短桁架太阳能电池帆板

可以大幅减少相互之间的遮蔽，提升其发电效率。

梦天实验舱

航天员工作的主要场所，可以进行各类空间微重力科学实验和技术实验。

一体化设计使天和核心舱、问天实验舱、梦天实验舱的功能和资源可以高效地融合，内部环境也可以得到统一控制，实现"1+1+1=1"的一体化运行模式，大幅提升了整体可靠性，形成了中国特色的空间站方案，所突破的关键技术都是具有完全自主知识产权的。

问天实验舱

航天员的实验场所，主要进行空间生命科学研究，同时兼具核心舱的管理和控制功能。

机械臂

可在舱外活动，共有7个关节，十分灵活，伸直可达10米。

天舟货运飞船

将地面的生活物资、推进剂、载荷设备等送往空间站，离开时还会将空间站的垃圾带走。

天和核心舱

空间站的管理和控制中心，也是航天员生活的主要场所。

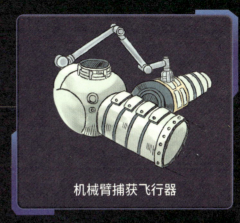

机械臂捕获飞行器

机械臂从货运飞船中拿取物资

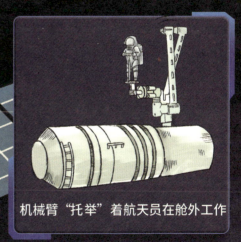

机械臂"托举"着航天员在舱外工作

中国空间站的"专车"——长征五号B运载火箭

中国空间站的核心舱及两个实验舱都是由长征五号B运载火箭送上太空的，人们亲切地称它为"胖五"火箭。在研制它的"心脏"——火箭发动机的过程中，我们国家的科研团队一次次破解"卡脖子"难题，付出了常人难以想象的努力——仅仅为了一个阀门问题，300多名科研人员夜以继日地进行研究和实验，在基地住了整整三个月。

为了装载巨大的核心舱与实验舱，长征五号B运载火箭拥有长度达到20.5米的巨大整流罩。

③ 三个月后，机械臂"抓"起问天实验舱，把它移到了核心舱侧向接口上，完成了转位，与天和核心舱形成"L"构型，为梦天实验舱的交会对接做好了准备。

中国空间站的搭建

② 接下来被送入太空的是问天实验舱。

① 首次被送入太空的是天和核心舱，随后货运飞船和神舟载人飞船陆续与其交会对接，航天员进入其中调试设备、整理物资并进行"装修"。

天宫空间站是怎样搭建成的？

中国空间站——一套三居室的"大房子"，可不是一次被送入太空的。运载火箭每次将一个舱室送入太空，不同舱室将在空中完成对接与转位。

④ 紧接着，梦天实验舱成功交会对接到核心舱的主接口。

⑤ 梦天实验舱完成转位后，中国空间站的基本型就建造好了。

从设计之初，神舟飞船就站在了更高的起点上。相比苏、美早期载人飞船的两舱设计，神舟飞船采用了由轨道舱、返回舱和推进舱组成的三舱设计。增加的轨道舱是航天员在太空中的生活和工作空间，返回地面前将其分离，以减小座舱尺寸。

天和核心舱

2021年4月29日，中国空间站首个舱段——天和核心舱成功被长征五号B遥二运载火箭送入太空。

天和核心舱包括生活控制舱、节点舱及资源舱三部分，内部约110平方米，航天员在里面的生活也紧张而有序。

资源舱后端有对接口和物资补给通道。

资源舱

实验区

锻炼区

航天员可在锻炼区的跑台上跑步，骑太空自行车，还有拉力带等健身器材满足他们的锻炼需求。

就餐区

就餐区有加热器和饮水设备等，航天员可以吃上可口的饭菜啦！

生活控制舱

生活控制舱由大柱段、小柱段和后端通道组成。认真观察第14—15页的画面你就会发现，核心舱的太阳能板、大机械臂和天线等外部设备都安装在了小柱段的外部空间。

这里是航天员生活和工作的空间，被划分成了不同区域：大柱段内主要有实验区、就餐区和锻炼区等，小柱段内主要有航天员的锻炼区和睡眠区。

此外，这次天和核心舱还携带了一部长约10米的七自由度空间机械臂，能一次抓取25吨重的航天器。毕竟，中国空间站还有另一个"小伙伴"——巡天光学舱，与问天实验舱、梦天实验舱一样，它也是一个20吨级的大家伙，平时与中国空间站共轨运行。它和哈勃空间望远镜具有同等量级的分辨率，但巡天的视场要大300倍，而且可以和中国空间站接驳，进行燃料加注和维修，这一独特的功能是国际空间站没有的。

我们这就去替小朋友们体验一下吧！

天和核心舱取名自"天枢"与"太和"，寓意天地人和。

机械臂

每位航天员都有自己独立的睡眠区，还配有新型的声光电报系统，有情况会及时"通知"他们，因此航天员不需要再"值夜班"了。

节点舱用于舱段连接和飞行器访问，包括一个前向对接口、一个径向对接口和两个侧向停泊口；同时还是航天员出舱活动的气闸舱，上方有出舱活动口。

节点舱

出舱口

睡眠区

锻炼区

核心舱中配有神经肌肉刺激仪，航天员可以对自己进行电脉冲刺激，缓解疲劳，进行肌肉训练，防止长期处于微重力环境下造成的肌肉萎缩。

主对接口

我也住进空间站啦！

在空间站的微重力环境中，没有被固定的物品会像这样飘起来。

清洁

空间站中不能淋浴，水珠会飘得到处都是，航天员一般都是用湿毛巾擦拭身体。不过刷牙就很方便啦，航天员所使用的牙膏是可食用的，直接吞掉就可以了！

看风景

你在一天中看到过16次日出吗？由于空间站每90分钟绕地球一圈，因此，在空间站里每天都能见到16次日出。

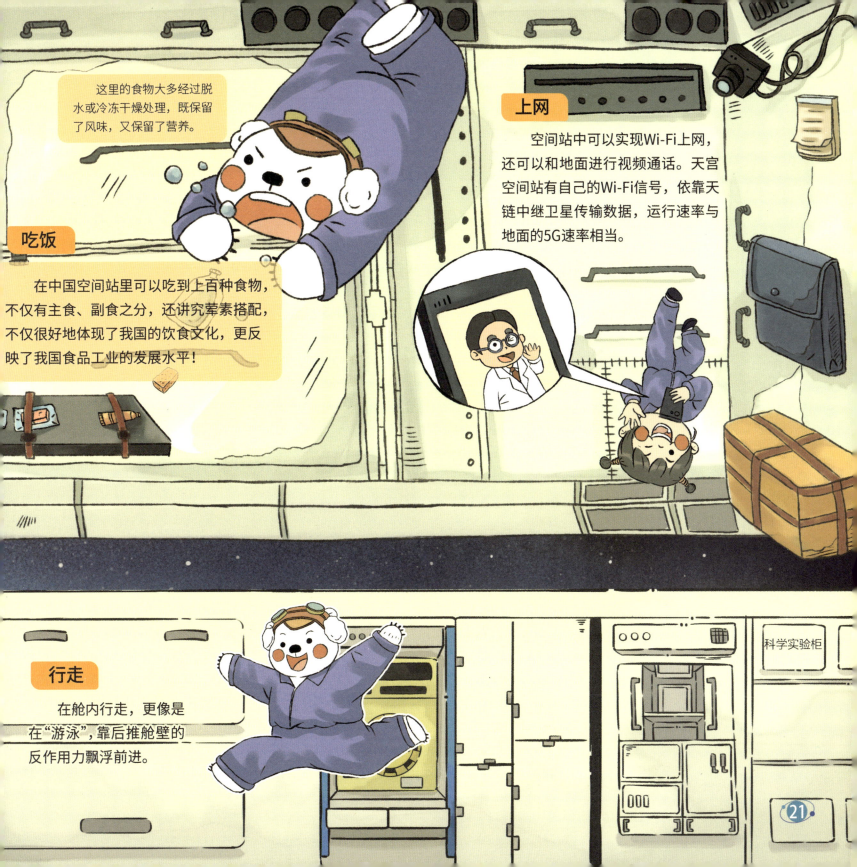

这里的食物大多经过脱水或冷冻干燥处理，既保留了风味，又保留了营养。

上网

空间站中可以实现Wi-Fi上网，还可以和地面进行视频通话。天宫空间站有自己的Wi-Fi信号，依靠天链中继卫星传输数据，运行速率与地面的5G速率相当。

吃饭

在中国空间站里可以吃到上百种食物，不仅有主食、副食之分，还讲究荤素搭配，不仅很好地体现了我国的饮食文化，更反映了我国食品工业的发展水平！

科学实验柜

行走

在舱内行走，更像是在"游泳"，靠后推舱壁的反作用力飘浮前进。

空间站实验笔记

2022年7月24日，问天实验舱由长征五号B遥三运载火箭送入太空。7月25日，航天员顺利进入问天实验舱。问天实验舱可以布置八个科学实验柜，包括生命生态实验柜、生物技术实验柜和科学手套箱与低温存储柜等。有趣的"太空种菜"实验就是在生命生态实验柜里进行的。

拟南芥长出了幼苗。

通用培养模块

水稻已经抽穗啦！

科学家选择了拟南芥和水稻作为首批空间实验样品，观察两种不同生长模式的植物在微重力环境下的生长情况，通过实验了解水稻在微重力环境下的生物钟与在地球上有何不同。

最终，航天员完成了"从种子到种子"全生命周期空间培养实验，在国际上首次在轨获得了水稻种子。

这项研究的最终目的是让"天上的水稻"进入人们的饭碗里。不过，实现这个梦想的路程还很漫长，科学家还要进行很多次的实验研究。

梦天实验舱——微重力科学实验舱

在太空微重力的环境中，会看到很多不可思议的现象。比如，在太空中烧开水，不会出现平时我们见到的"咕嘟咕嘟"泡泡爆破的现象，而是会在容器底部出现一个不会破裂的大泡。

地球上 太空中

球形火焰

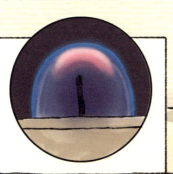

在微重力环境中没有对流作用，火焰变成了球形。

水油"分离术"

在微重力环境中，水和油倒入同一容器后不会分层，而是溶在一起。不过因为二者密度不一样，通过旋转容器，运用离心力就可以将二者分离了。

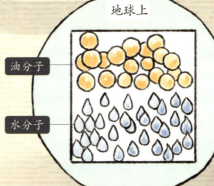
地球上
油分子
水分子

太空中

神奇的"冷焰"

在太空中，已经熄灭的火焰看起来仍然像是在燃烧，火焰温度与正常的燃烧温度相比较低，这种现象被称为"冷焰"现象。

通过对微重力环境的不断探索，相信将会有更多的现象与规律被发现，并逐渐应用到我们的日常生活当中。

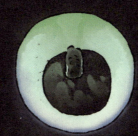

航天员出舱活动

在整个空间站任务中，出舱活动属于风险程度非常高的任务，对于航天员、空间站平台、空间站机械臂操作和地面测控网等多种要素的协调配合都是考验，不能出现任何差错。

舱外作业的危险因素：
200℃左右的巨大温差；
失重真空的环境；
高速运动的太空垃圾。

1 出舱前的准备活动

舱外环境十分恶劣，因此航天员出舱前的准备工作必须格外缜密。一是检查，包括机械臂控制系统的状态、舱外航天服的状态，以及出舱用到的工具等数十项检查工作；二是要对航天员进行生理医学确认，确保航天员健康状况良好，才可以出舱。

还有一项工作叫"吸氧排氮"，在出舱前2~4个小时，航天员必须在纯氧的环境中吸入氧气，排出氮气，从而避免遭遇减压病。

航天员正在做出舱前的心肺功能检查。

为了保证出舱时光线充足，航天员一般会选择在阳照区出舱。

因为空间站会在轨运行很多年，所以一些部件需要定期维护，其中有些目前还不具备让机器人系统去维护的条件，只能通过航天员出舱去进行精细的操作。因此，航天员出舱对于空间站的长期运行具有关键性意义。

太漂亮了！

2 出舱

在中国空间站的建造阶段，首次进行出舱活动的是神舟十二号的航天员刘伯明和汤洪波。一切准备工作完成后，刘伯明负责打开节点舱的出舱舱门。

我国几代航天人前赴后继的努力和奋斗，让中国航天员乘着我们自己制造的载人飞船，穿着我们自己设计并制作的航天服，前往我们自己的空间站工作，飞行在美丽的地球之上。航天员这句"太漂亮了！"不仅是对中国航天最高的褒奖，也是中国航天人探索宇宙的努力源泉。

3 舱外作业

舱外作业实现了两种前往作业地点的方式：一是搭乘机械臂大范围移动至作业地点，二是通过舱体外壳上的各种扶手爬行至作业地点。两种方式都获得了成功。

出舱后，航天员刘伯明在机械臂上安装了脚限位器，并站在了机械臂上。

舱内，另一名航天员聂海胜正在机械操作台前，一边监控着舱外的航天员，一边操作机械臂。

接下来，舱内外将配合完成舱外设备组装等作业，比如抬升天和核心舱外的全景摄像机。

这次任务是给全景摄像机手动安装长达20厘米的可延伸支架。全景摄像机"站"得高了，视野也更加开阔，就可以大幅扩大拍摄视角，拍下更美的太空。

为什么是手动抬升，不能在发射前直接装好吗？

如果支架在地面时就安装在核心舱上，火箭的整流罩就装不下了，所以要先带到天上再安装。

进行轨返分离和返回制动

 # 返回地球（一）

航天员在中国空间站生活和工作几个月后，就会迎来回家的日子。他们会换上舱内航天服，与空间站道别，进入神舟飞船的返回舱内。一切准备妥当，神舟飞船与中国空间站分离，开启返航之旅。

● 第一次调整姿态，飞船相对前进方向逆时针旋转90°，变成横向飞行状态。

● 轨道舱与返回舱分离，此时三舱组合体变为两舱组合体。

● 第二次调整姿态，剩下的两舱组合体继续逆时针旋转90°，此时飞行姿态也从水平飞行调整为俯仰角的飞行状态。

 2 **推返分离**

● 距地面约140千米，推进舱和返回舱分离，返回舱独自"回家"。

航天员进入返回舱。

这么高的温度，里面的航天员会不会有危险？

放心，返回舱有非常好的隔热设计，此时舱内的温度大概27℃。

此时的东风着陆场上，技术保障车队、直升机队开始集结，赶往搜救点，迎接航天员回家。

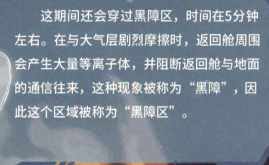
这期间还会穿过黑障区，时间在5分钟左右。在与大气层剧烈摩擦时，返回舱周围会产生大量等离子体，并阻断返回舱与地面的通信往来，这种现象被称为"黑障"，因此这个区域被称为"黑障区"。

● 距地面约120千米，返回舱调整为大底朝前。

此时的返回舱就像一个大火球，这是因为返回舱与大气层剧烈摩擦，快速升温。此时返回舱表面的温度超过1000℃。

● 距地面约100千米，返回舱进入大气层。

引导伞

减速伞

主伞面积有1200平方米，带着返回舱继续减速。

主伞

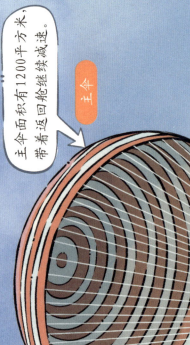

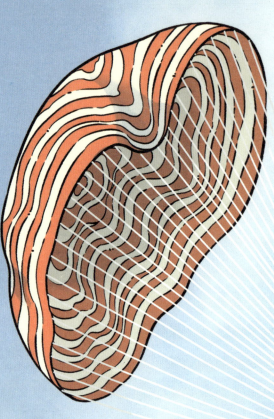

返回地球（二）

3 开伞

● 距地面约10千米，空气已经足够稠密，返回舱先后打开引导伞、减速伞和主伞。

● 距地面约6千米，返回舱抛掉防热大底，反推发动机露出。

2021年9月17日，神舟十二载人飞船返回舱在东风着陆场成功着陆。在此之前，东风着陆场一直都不是载人飞船的主着陆场，也就是说，这是东风着陆场第一次承担迎接航天员返回地面的任务。

东风着陆场有天然的地理优势，地域辽阔，人迹罕至。

4 着陆

- 距地面1~2米，反推发动机点火，返回舱最后一次减速并下降，飞船安全落地。

就在返回舱着陆时，搜救队员早已到达指定地点，做到了"舱落人到"。队员们协助航天员顺利出舱，航天员坐在返回舱前，与大家一同庆祝。

不过，这个难题最终被我国的科研人员攻克。一是神舟十二号载人飞船自带了精确的预测制导系统，提高了落地点的精准度。二是在指挥中心，我国科研人员将在神舟飞船返回过程中进行四次返回点预报，且一次比一次精准。地面回收系统迅速做出响应，接到报点信息后，指挥机、通信机、搜救车队全体出动，以最快的速度赶往降落地点。

为什么这里以前不是载人飞船的主着陆场呢？

因为在广袤的戈壁滩上进行搜索和救援接应是个世界级的难题。

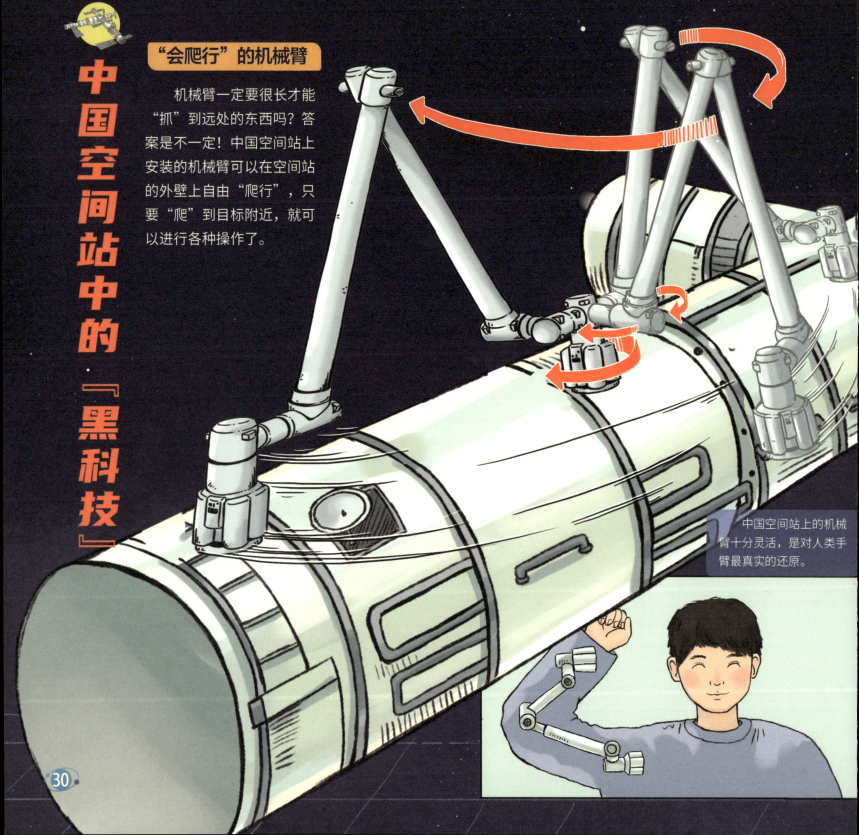

中国空间站中的『黑科技』

"会爬行" 的机械臂

机械臂一定要很长才能"抓"到远处的东西吗？答案是不一定！中国空间站上安装的机械臂可以在空间站的外壁上自由"爬行"，只要"爬"到目标附近，就可以进行各种操作了。

中国空间站上的机械臂十分灵活，是对人类手臂最真实的还原。

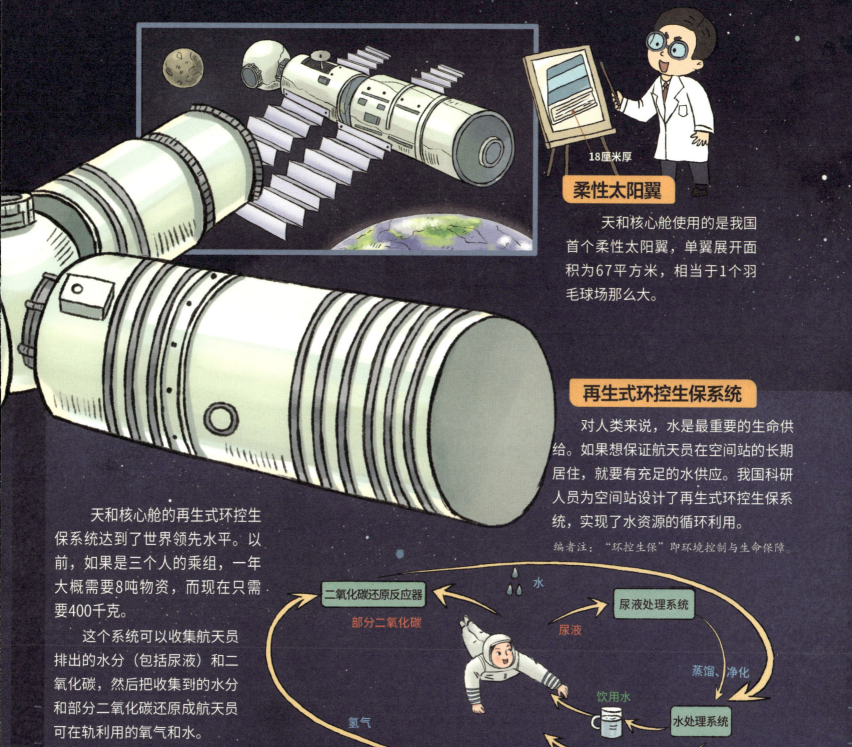

18厘米厚

柔性太阳翼

天和核心舱使用的是我国首个柔性太阳翼，单翼展开面积为67平方米，相当于1个羽毛球场那么大。

再生式环控生保系统

对人类来说，水是最重要的生命供给。如果想保证航天员在空间站的长期居住，就要有充足的水供应。我国科研人员为空间站设计了再生式环控生保系统，实现了水资源的循环利用。

编者注："环控生保"即环境控制与生命保障。

天和核心舱的再生式环控生保系统达到了世界领先水平。以前，如果是三个人的乘组，一年大概需要8吨物资，而现在只需要400千克。

这个系统可以收集航天员排出的水分（包括尿液）和二氧化碳，然后把收集到的水分和部分二氧化碳还原成航天员可在轨利用的氧气和水。

二氧化碳还原反应器

部分二氧化碳

水

尿液处理系统

尿液

蒸馏、净化

水处理系统

饮用水

氧气

氧气

氧再生系统

中国航天员的"飞天战袍"

航天员在太空中生活可不是一件容易的事。太空是一个充满辐射、太空碎片等不利因素的真空环境。因此，配备一件"刀枪不入"的战袍一定是必不可少的。

背包

背包里面有便携式环控生保系统设备，还装有无线电话设备和生理测试设备等。

舱外航天服是我国自主研制的，被命名为"飞天"。

手套

手套的大小可调节，最小可以抓握直径5毫米的物体，比如一支铅笔。

安全绳

航天员在出舱时将安全绳的一端固定在出舱口，这样就可以和空间站牢牢连在一起了。

面窗

面窗的最外层是防护面罩，镀着一层纯黄金膜。因为黄金膜对太阳光的反射率高，可以保证阳照区的光线强度不会对航天员的眼睛造成危害。

面窗一共有四层，其中两层是压力面窗，中间充氮。由于航天服是密闭的，里面的温度比外面的高，因此面窗会变得雾蒙蒙的。科研人员用向面窗中充入氮气的方法解决了这个难题。

外防护层
真空屏蔽隔热层
限制层
主气密层
备份气密层
舒适层

重而不笨、穿脱方便，是这套舱外航天服的一大特点。

舱外航天服就好比一个微型的载人航天器，保证航天员在舱外的安全及能源供给。

液冷服

航天员在穿航天服之前需要先穿出舱内衣和液冷服。液冷服全身上下都是细密的小孔，液冷管线均匀穿过这些小孔，然后通过液体在管线中的流动，达到循环降温的效果。

液冷服总体上保证了航天服的舒适性，还可以收集蒸发的水，与航天服的生保系统相协调。

中国航天员的舱外航天服

名称：飞天（第二代）　　重量：130千克
穿戴时间：5分钟以内　　可使用年限：3年15次
可支持自主出舱时间：8小时/次

除了舱外航天服，航天员还有两件重要的制服，分别是舱内工作服和舱内航天服。

舱内工作服

舱内工作服是一套连体的蓝色制服，具有透气、保暖、灵活、防静电等特点，同时兼顾了实用性、舒适性和美观性。

舱内航天服

舱内航天服是航天员在载人飞船中穿戴在身上的压力应急救生装备，一般在待发段、上升段、返回段、变轨、交会对接过程中使用。这是一套密闭服，在为航天员提供氧气的同时，也兼具充压、防火、防辐射等作用。

航天员训练初体验

要想成为航天员，要先通过科学严谨的层层筛选，

然后接受系统科学的训练和培养。

真的很不容易啊！

中国预备航天员选拔标准

☑ 有强壮的身体，能耐受各种恶劣的环境。

☑ 有良好的心理素质，能掌握复杂的操作技能、应对突发情况。

☑ 有较高的文化水平，胜任载人航天任务。

☑ 有崇高的奉献精神，能适应航天探险活动。

选拔出的预备航天员根据任务不同，要接受两到四年的地面训练，下面我们看看航天员经典的训练项目吧！

航天员如何才能"飞天"呢？是不是需要什么超能力？

走，我带你去体验下他们平时的训练，你就知道了！

❶ 超重耐力与适应性训练

这项训练模拟了飞船在上升和返回时，航天员在返回舱中的环境。

载人离心机高速旋转时相当于有八个自己压在身上，会出现视线模糊、心跳加速、呼吸困难等现象。

❷ 前庭功能训练

通过训练，航天员在太空中就不容易有"晕车"的感觉了。

坚持住哦，灿烂。

❸ 飞船操作训练

在地面上能够熟练进行各种操作，在太空中才不会手忙脚乱。

除此之外，航天员还要对在太空中所要面临的噪声、冲击、震动和高温等各种环境进行针对性训练。在这样严苛的训练下，我国培养出了具有"超能力"的航天员！

❹ 失重水槽训练

科研人员设计了叫作"中性浮力水槽"的圆形大水池，用来模拟太空中的失重环境。航天员通过此项训练，可以熟练掌握失重状态下身体的运动与姿态控制及出舱活动的操作等。

中国载人航天的30年

1992年9月21日，中国正式启动载人航天工程的建设，并确定了三个目标，也就是载人航天的"三步走"发展战略。

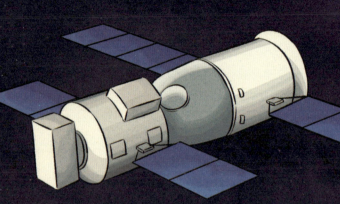

第一步： 完成载人飞船工程，发射载人飞船，建成初步配套的实验性载人飞船工程，开展空间应用实验。

2016.9

我国第一个真正意义上的太空实验室——天宫二号发射成功。

2016.10

景海鹏、陈冬两名航天员乘坐神舟十一号飞船与天宫二号对接。

2021.4

空间站的首个舱段——天和核心舱被送入天空。

第三步： 完成空间站工程，建造空间站，解决有较大规模的、长期有人照料的空间应用问题。

2003.10

航天员杨利伟搭乘神舟五号飞船进入太空。

几代中国航天人逐梦太空、不断超越，终于在浩瀚的宇宙中建起我们自己的"太空家园"。这种不断探索、稳步前行的精神必将使中国的太空探索走向更广阔的未来，让中华民族千百年来对璀璨星河的浪漫想象一步步变成现实。

2005.10

神舟六号飞船搭载两名航天员——费俊龙和聂海胜完成太空飞行任务。

2011.11

天宫一号与神舟八号飞船进行空间交会对接。

第二步：完成空间实验室工程，突破航天员出舱活动技术，完成空间飞行器的交会对接，发射空间实验室，研制货运飞船，解决有一定规模的、短期有人照料的空间应用问题。

2008.9

航天员翟志刚完成我国首次太空出舱任务。

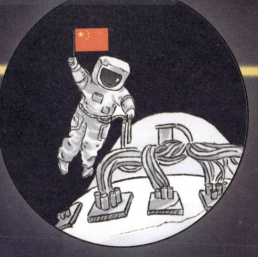

2022.7—2022.10

7月，问天实验舱发射升空；10月，梦天实验舱发射升空，空间站"T"字基本构型在轨组装完成，中国空间站全面建成。